U0215553

欧式典藏系列

EUROPEAN CLASSIC

欧式豪宅

European Mansion

解　读　经　典　　品　味　欧　式

中国林业出版社
China Forestry Publishing House

Contents

目录

宅心物语

Tianzheng Binjiang Mansion

设计师：黄莉

项目名称：天正滨江——宅心物语

项目地点：江苏省南京市

项目面积：262 平方米

本套案例是典型的欧式风格，从进门处的大气到客厅的奢华、细腻，无一个不透露着欧式风格的特点。

不管是从色彩的搭配还是从空间的划分，设计师都是非常的细心，所以才使得整个空间的看着更加的舒服，一种浑然一体的视觉感呈现在眼前。

生活阳台
中厨
保姆间
卫生间
西厨
餐厅
客卫生间
女儿房
衣帽间1
儿子房
门厅
过道
次卫生间
主卫生间
老人房
客厅
衣帽间2
主卧室
休闲阳台

平面布置图

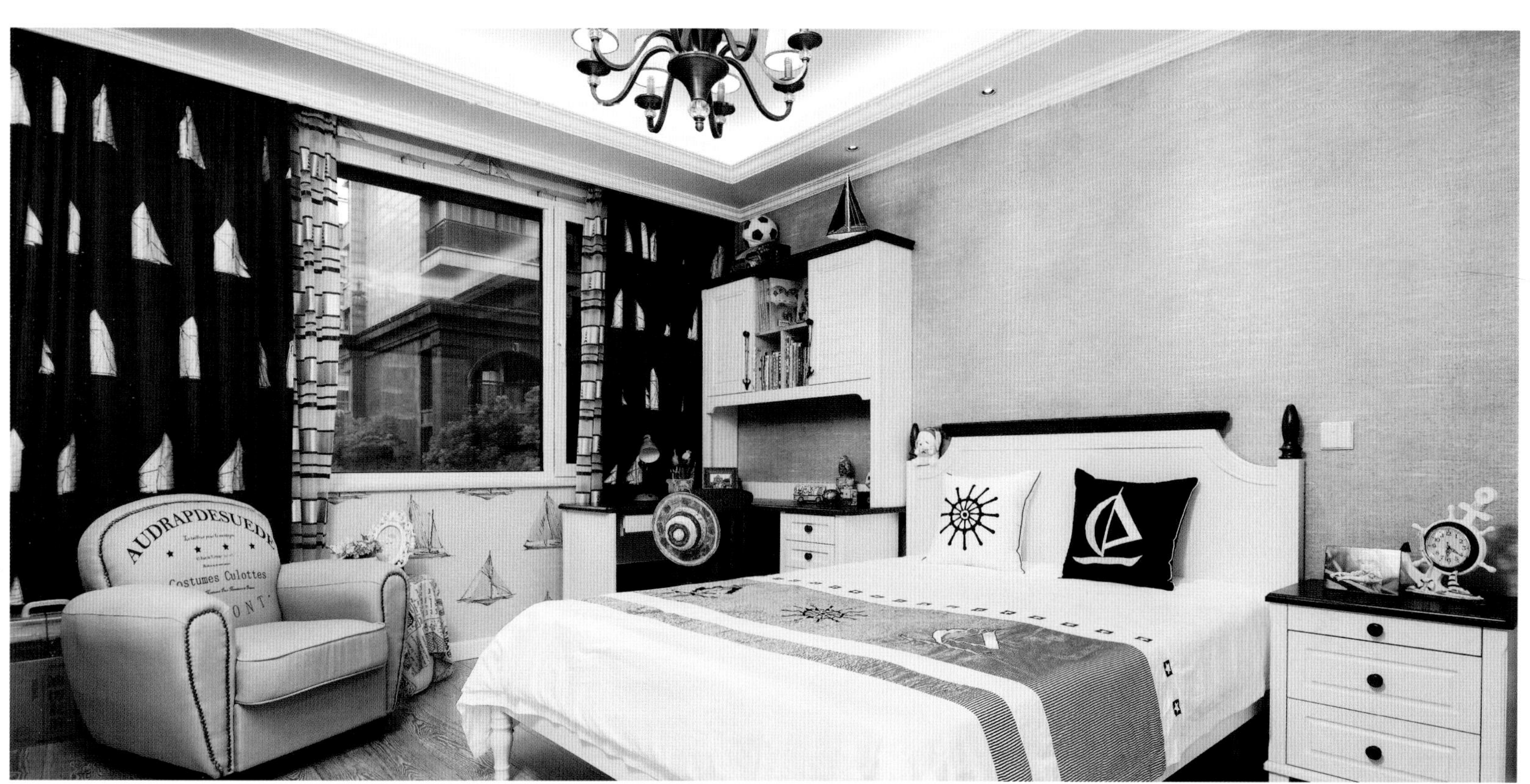
AUDRAPDESUEDE
Costumes Culottes

光铸长屋

Sunlight Spreading

设计师：唐忠汉

项目地点：台湾台北

项目面积：281 平方米

主要材料：橡木木结木皮、咖啡洞石、薄片锈铜砖、黑铁、烟熏橡木地板

业主长期居住国外，向往欧洲建筑的居住氛围。因此，本案以非主流的工艺古典风格为导向，挑战设计本身。设定空间基础风格后，设计师将室内建筑的核心设置成餐厅，透过 4 米的大餐桌连结客厅、厨房、书房及卧房，轴线上串连前庭、中庭及后花园，让空间的每个地方都能映入户外的美景，不尽打破空间的隔阂，更增添家人互动的氛围。

在打造工艺古典风格上，设计师一方面挑选合适的材质，以显现材质本身的特性；另一方面是著重呈现工匠的技艺精神——餐桌上方挑高 3 米的拱型天花，刻意留下木作匠师的技痕，呈现出拼板的技艺。

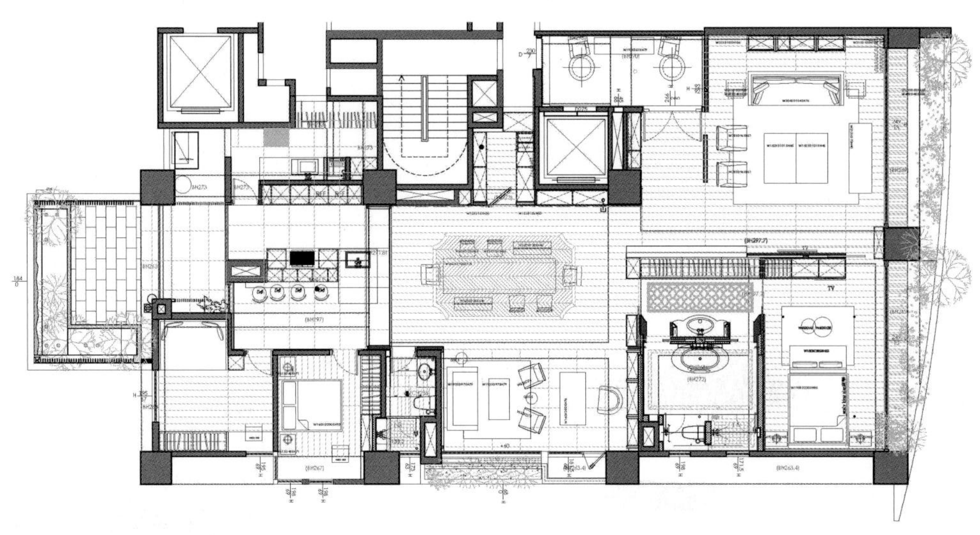

平面布置图

ROUGH
LUXE
DESIGN

THE LITTLE BLACK JACKET
VAIO

泰安道五大院一号院

Tai'an Road fifth Compound No.1

设计师：张宝山

项目地点：天津市

项目面积：200 平方米

摄 影 师：马晓春

主要材料：瓷砖、艺术涂料、地板、橱柜

本案的设计定位为个性化设计，既有传统又能体现当代人群居住方式。在设计风格上体现美式后工业感，设计革新。

项目重新梳理空间，根据功能和动线，大胆改造重新分割空间。灰色嵌板，艺术涂料，复古砖，艺术线条，黑色作旧实木门板，文化石等。项目拥有开阔视野，开发想象，视觉艺术呈现。

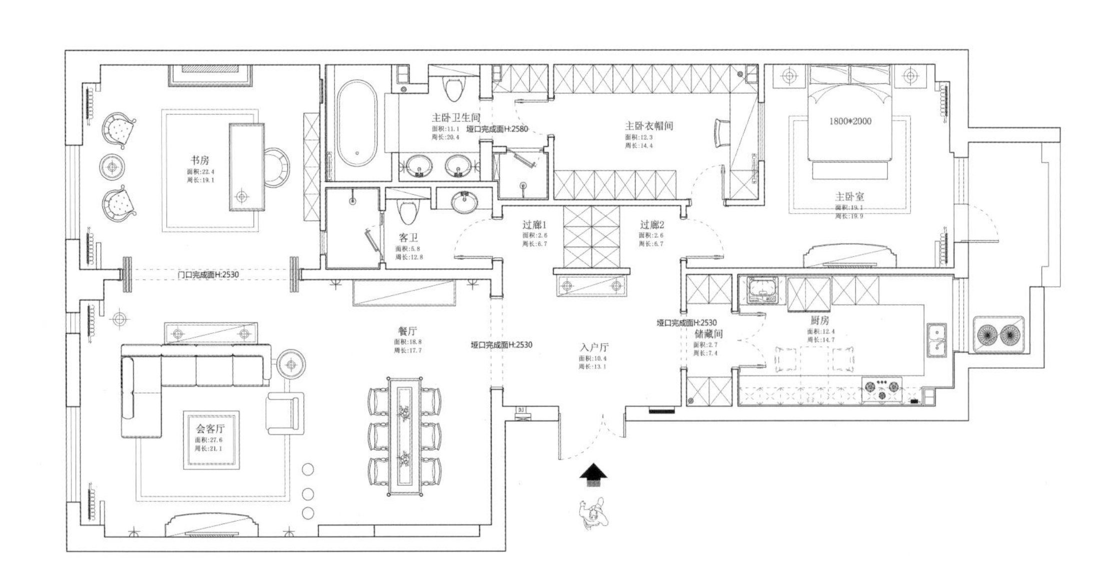

书房
面积:22.4
周长:19.1
主卧卫生间
面积:11.1
周长:20.4
垭口完成面H:2580
主卧衣帽间
面积:12.3
周长:14.4
1800*2000
主卧室
面积:19.1
周长:19.9
客卫
面积:5.8
周长:12.8
过廊1
面积:2.6
周长:6.7
过廊2
面积:2.6
周长:6.7
门口完成面H:2530
垭口完成面H:2530
储藏间
面积:2.7
周长:7.4
厨房
面积:12.4
周长:14.7
餐厅
面积:18.8
周长:17.7
垭口完成面H:2530
入户厅
面积:10.4
周长:13.1
会客厅
面积:27.6
周长:21.1
DJ

平面布置图

1879

东方润园私宅

Dongfang Runyuan Residences

设计师：张泉

项目地点：杭州市

项目面积：300 平方米

本案位于杭州钱江新城最核心绝版地段，面朝开阔的钱塘江，背倚整个杭州最顶级的城市配套。本案为纯法式风格是它独有的标签。设计师以简洁、明晰的线条和优雅得体的装饰，展现出空间中华美、富丽的气氛，表达了一种随意、舒适的风格，将家变成释放压力、缓解疲劳的地方，给人以雅典宁静又不失庄重的感官享受。

设计师把中国人的一种精致而高贵的生活在这套作品中体现的淋漓尽致，而不是简单的把法国人的家搬到中国，打造成一个理想中的家的感觉。

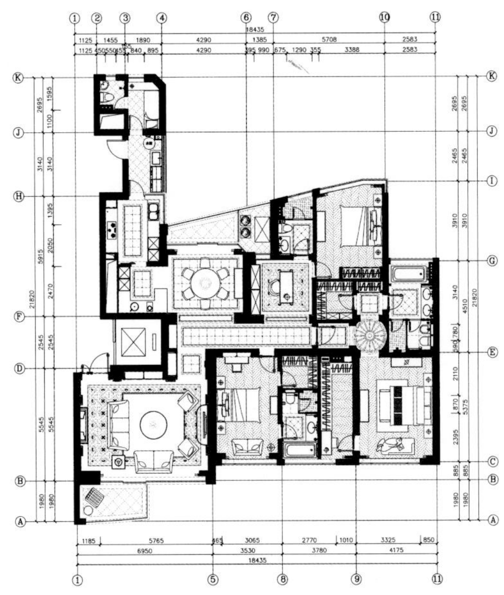

平面布置图

君汇新天混搭私宅

Mix Residential of the Junhui Xintian

设计师：刘金峰

项目名称：北京遇上西雅图—君汇新天混搭私宅

项目地点：广东深圳市

项目面积：220 平方米

主要材料：橡木油白旧、墙纸、仿古砖、石膏线、大理石、手绘绢画

我一直喜欢用电影的方式去做设计。每个人都是有故事，在沟通中寻找到客户独特的气质，将这种气质融入到设计中，这样才能设计出符合客户气质的家。

家从来都不是样板，从来都不是摆场，也从来都没办法用什么风格去框定它。我相信一个好的住宅设计，呈现给大家的应该先是客户的自身气质，而后才是设计师的锦上添花。没有多余的装饰手法，一切如同生长在空间里，和谐自然。

这套住宅的设计，一样源于一些故事。让中西两种风格在这个空间里相得益彰，在西方文化的设计中，烙上中国的印。

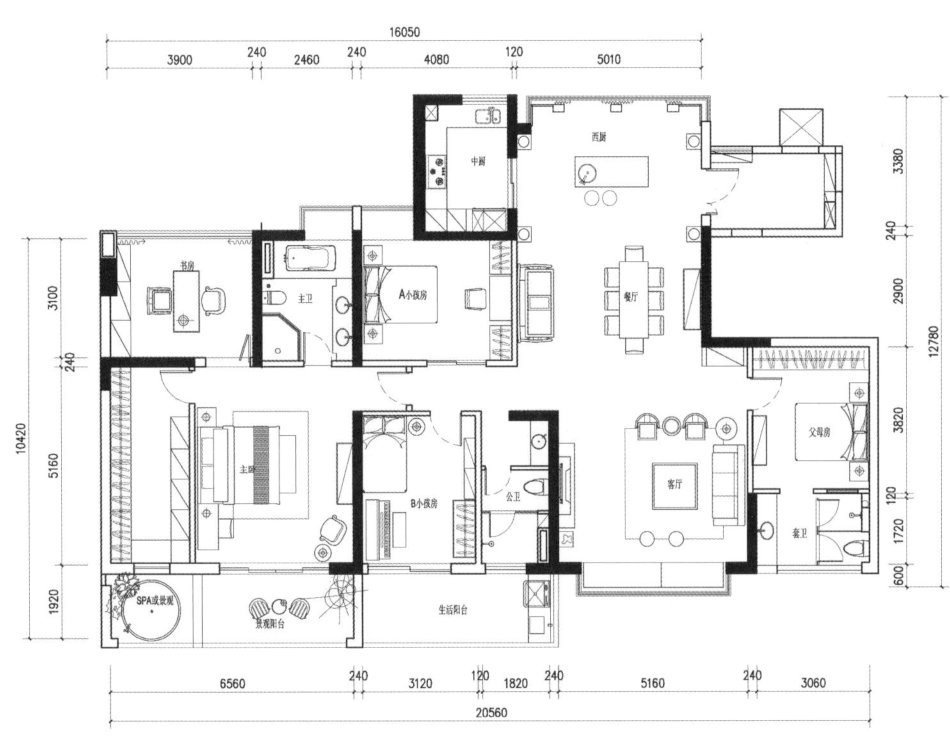

16050
3900
240
2460
240
4080
120
5010
西厨
中厨
书房
主卫
A小孩房
餐厅
主卧
B小孩房
公卫
客厅
父母房
套卫
SPA或景观
景观阳台
生活阳台
3380
240
2900
3820
120
1720
600
12780
3100
240
5160
1920
10420
6560
240
3120
120
1820
240
5160
240
3060
20560

平面布置图

锦华苑

JinhuaYuan Residential

设计师：周森

项目名称：锦华苑北欧风情

项目地点：江苏省苏州市

项目面积：140 平方米

摄 影 师：杨森

本案在有限的预算的基础上，充分提炼出北欧工业风的精华，大面积深似海洋的蓝色与米色枪迷昂形成鲜明视觉对比，经过抛光打磨上色后的地板重新焕发生机，使空间几大基础材质相得益彰，恰到好处的软装与配饰起到画龙点睛作用，使整个空间营造出不落俗套，简约有型的国际风范。

ROME
PISA
SAN PIETRO
PARIS
GREECE
LONDON
GREAT WALL
KEEP CALM AND CARRY ON
right

PISA
SAN PIETRO
PARIS
GREECE
LONDON
GREAT WALL
SAN PIETRO

right

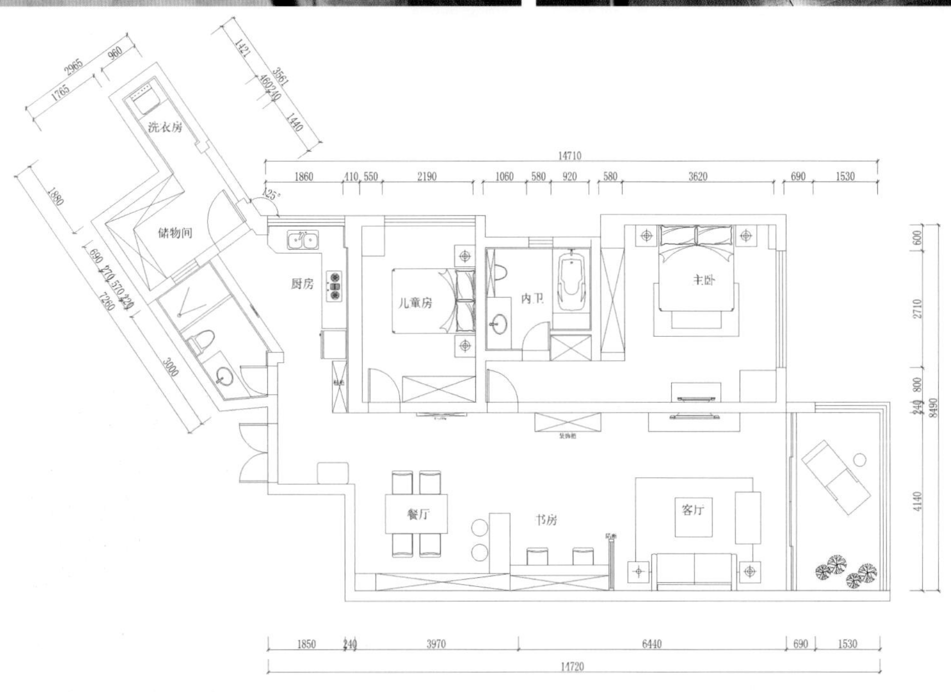
洗衣房
储物间
厨房
儿童房
内卫
主卧
餐厅
书房
客厅
14710
1860
410
550
2190
1060
580
920
580
3620
690
1530
1850
240
3970
6440
690
1530
14720
600
2710
800
240
4140
8490

平面布置图

ABCD
EFGHIJK
LMNOP
QRSTUV
WXYZ
Helvetica
helvetica
Helvetica
HEL
VET
ICA
M
A
EGYPT
12

HELVET
ICA: THE
FILM
ABCD
EFGHIJK
LMNOP
QRSTUV
WXYZ
Helvetica
helvetica
HEL
VET
ICA
M
A

EGYPT
58
12
Like the sunrise
in the morning
life is moving
The morning breeze
is blowing

上虞严公馆

ShangYu Yan Mansion

设计师：董元军

项目地点：浙江绍兴市

项目面积：2500 平方米

地处市中心，却闹中取静，仿佛置身于山野别墅中。这个项目的创新点在于将外环境的整合作为室内空间设计的一个重点补充及亮点。室内与室外景观有机结合，具有中式四合院特点的室外环境与室内欧式的奢华相得益彰。

经过外环境改造的别墅紧紧围绕内庭院和外庭院的景观特点，利用南北通透的优势，开展平面布局。而四合院状的空间使整个别墅仿佛置身于一个美妙的家的氛围中。而增加的一些错落有致的下沉式庭院既解决了地下室的采光、通风、排水问题，同时也使空间上显的错落有致，不是那么单板平滑。

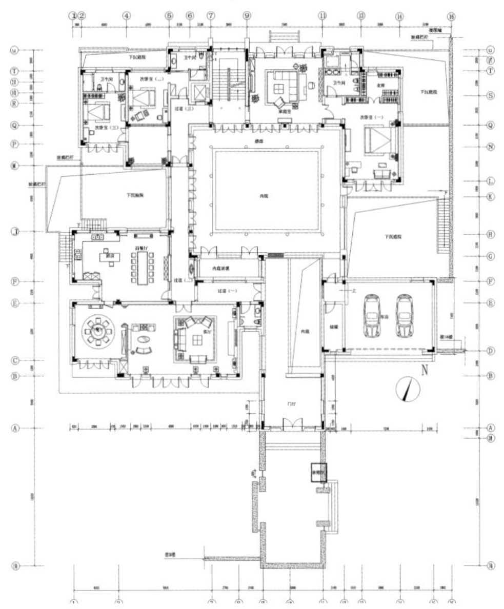

平面布置图

高楼中的跃层

Rise in the Thermocline

设计师：陈砚茳

项目名称：高楼中的跃层——平层大变身

项目地点：浙江省温州市

项目面积：230 平方米

“理性”并“享受”这是业主给我最深刻的印象。

和我给作品的标题一样，因为客户对空间理性的取舍所以才有了高楼中的跃层，且父母与子女间都拥有功能齐备相对独立的生活区域。因为是两间套房，平时客户主要活动区域都在楼上一层，楼下的功能主要是对外的，和女儿偶尔回来住。这样的布局打破了以往的客餐厅在一个层面上的惯例。

在大理石的做法上运用了很多新型的加工方式，地面的拼花，色调分明，干脆利落，不失石材的庄重豪华又显年轻态。客厅的弧形墙体我们运用沙雕画的做法，即使客厅空间拉大，又是来往之间的景色所在。

金地天镜

Jindi Tianjing

设计师：吴滨

项目地点：上海静安区

项目面积：150 平方米

当我们走进餐厅仿佛走入了悠远宁静的东方国度，却又不失现代的摩登与优雅。因为，设计师运用了白与黑为整体的色彩搭配基调，通过几何造型、不同材质及镜面的对比，将浓郁的 ART DECO 符号构造出生活的精致，让空间产生强烈的视觉映像。

乳白色羊皮质感的圆形吊灯、纯黑色牛皮圆形镂空靠背座椅配以黑檀木框架，半圆形装饰造型的装饰台，一切仿佛穿越源源红尘，让物品的圆配合空间的方，完美诠释了天圆地方的天人精神。

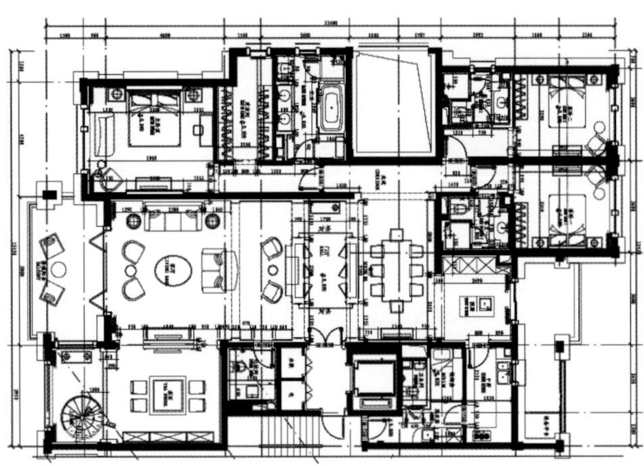

平面布置图

绅士的空间态度

Space Attitude Gentleman

设计单位：睿智汇设计　设计师：王俊钦

项目名称：顺迈别墅样板间－六号户型

项目地点：哈尔滨呼兰区

项目面积：515 平方米

摄 影 师：孙翔宇

主要材料：黑镜钢、灰镜、石材、白橡及铁刀木饰面、皮革、艺术玻璃

本案分别是地上三层，地下一层，地上一楼是一家人共同使用时间最长的楼层，有客厅、主餐厅、下午茶区、西式厨房、中式厨房、玄关及停车露亭等。

室内部分除了卫生间是独立封闭的空间以外，均为开放式布局，勾勒出具有男人气魄的构图方式和庄重的风格。客厅墙面采用皮革硬包的方式搭配石材，浅色与深色的对比、皮革材质与石材纹路的对比更加凸显静穆而严峻的美。吊顶造型做了现代化的演变，体现于现代构图方式与不锈钢的搭配使用，让空间加入一抹时尚与活力。客厅地毯呼应了空间所有色彩，方块样式具有活泼跳跃感。

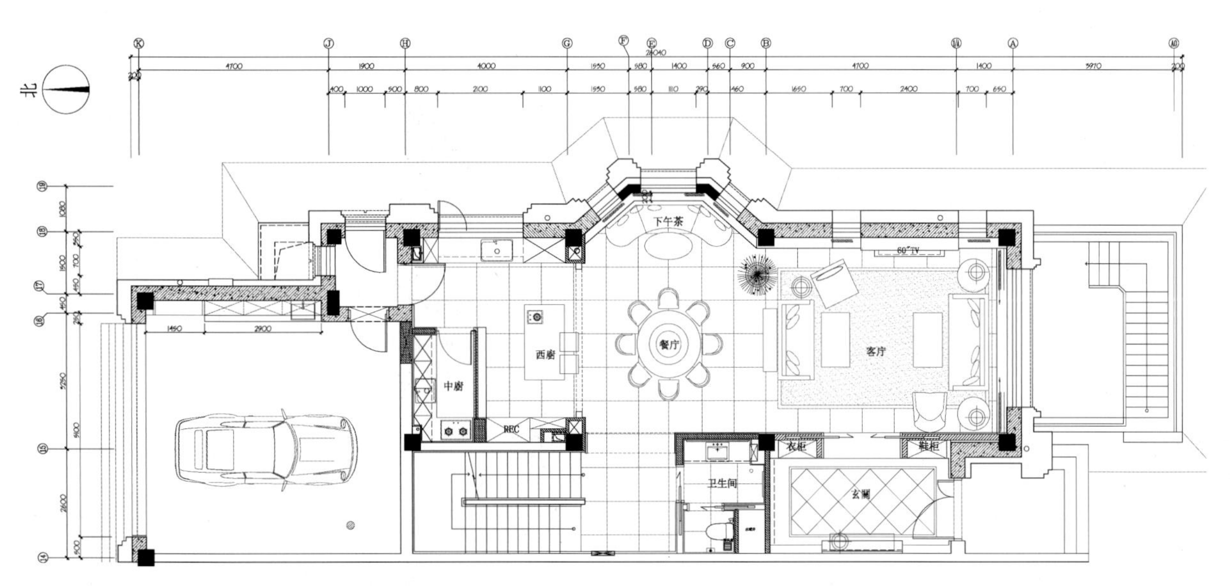

平面布置图

CENTURY
CENTURY
THE HOTEL BOOK

桃花园

Taohua Yuan Mansion

设计师：温帅

项目名称：杭州桃花园

项目地点：杭州市余杭区

项目面积：350 平方米

在古典与欧式设计中，大家把硬装做得非常复杂的时候，我们在追求把硬装做减法，在软装方面做更多的加法。

本案实现了西班牙元素与古典完美的结合。在空间的处理更多的以人为本，动静更加分明。

从环保角度出发，设计师没有用过多的大理石等造价过高的材料，而采用乳胶漆及墙纸等。

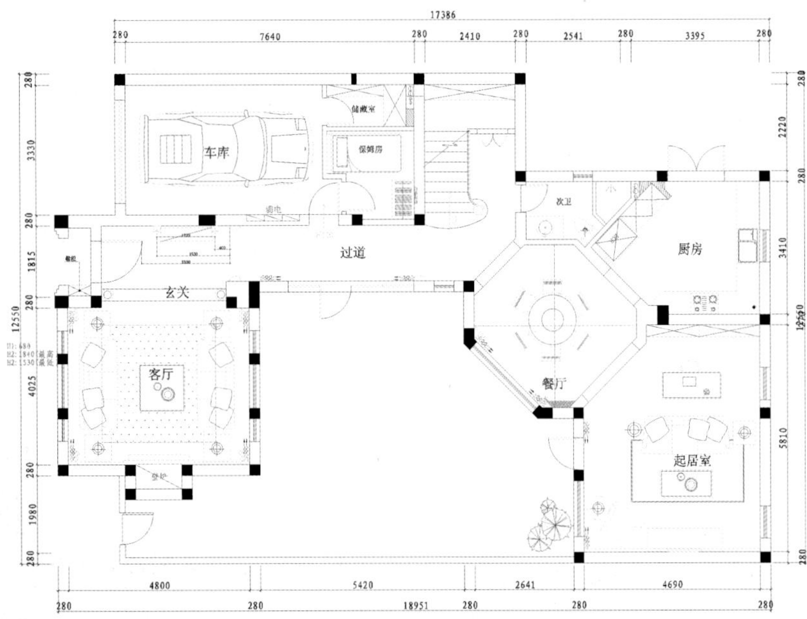

17386
280
7640
280
2410
280
2541
280
3395
280
车库
储藏室
保姆房
过道
玄关
客厅
餐厅
厨房
起居室
12550
3330
1815
4025
1980
2220
3410
5810
4800
5420
2641
4690
18951

平面布置图

绿湖豪城

Luhu Haocheng Mansion

设计师：翟中好

项目名称：南昌绿湖豪城

项目地点：江西省南昌市

项目面积：500 平方米

本案为欧式田园风格的设计手法，追求气派、典雅、新颖，主人在追求品位的前提下，要求空间格调要有联系。通过完美曲线、陈设塑造、精益求精的细节处理，透入空间的豪华大气。

整个空间让人领悟到欧洲田园风格的深厚文化底蕴，同时又摒弃了过于复杂的肌理和装饰。客厅以沙安娜大理石为主背景，餐厅以仿古砖地面，实木橱柜相结合。

Pavel Kisele

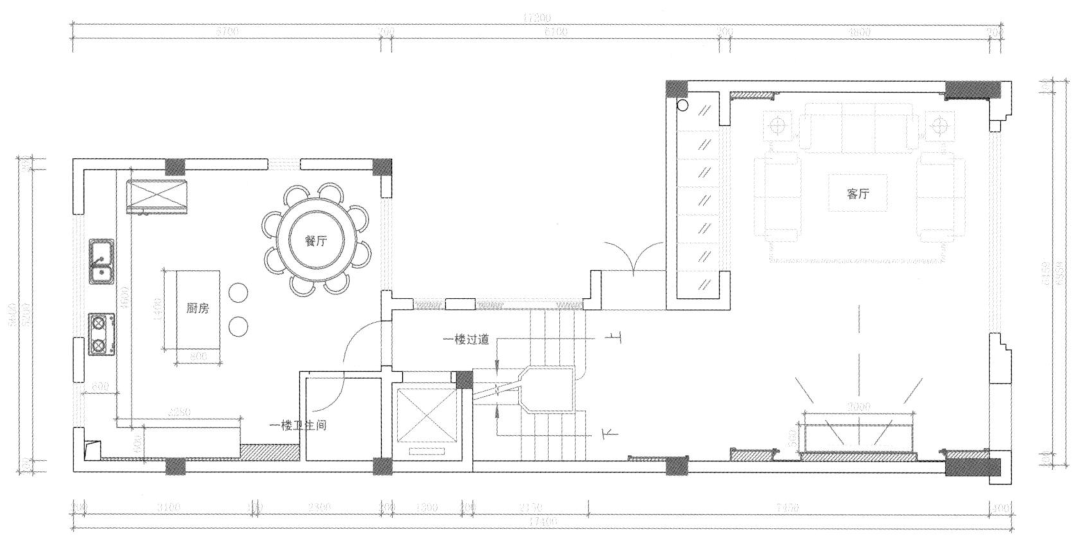

平面布置图

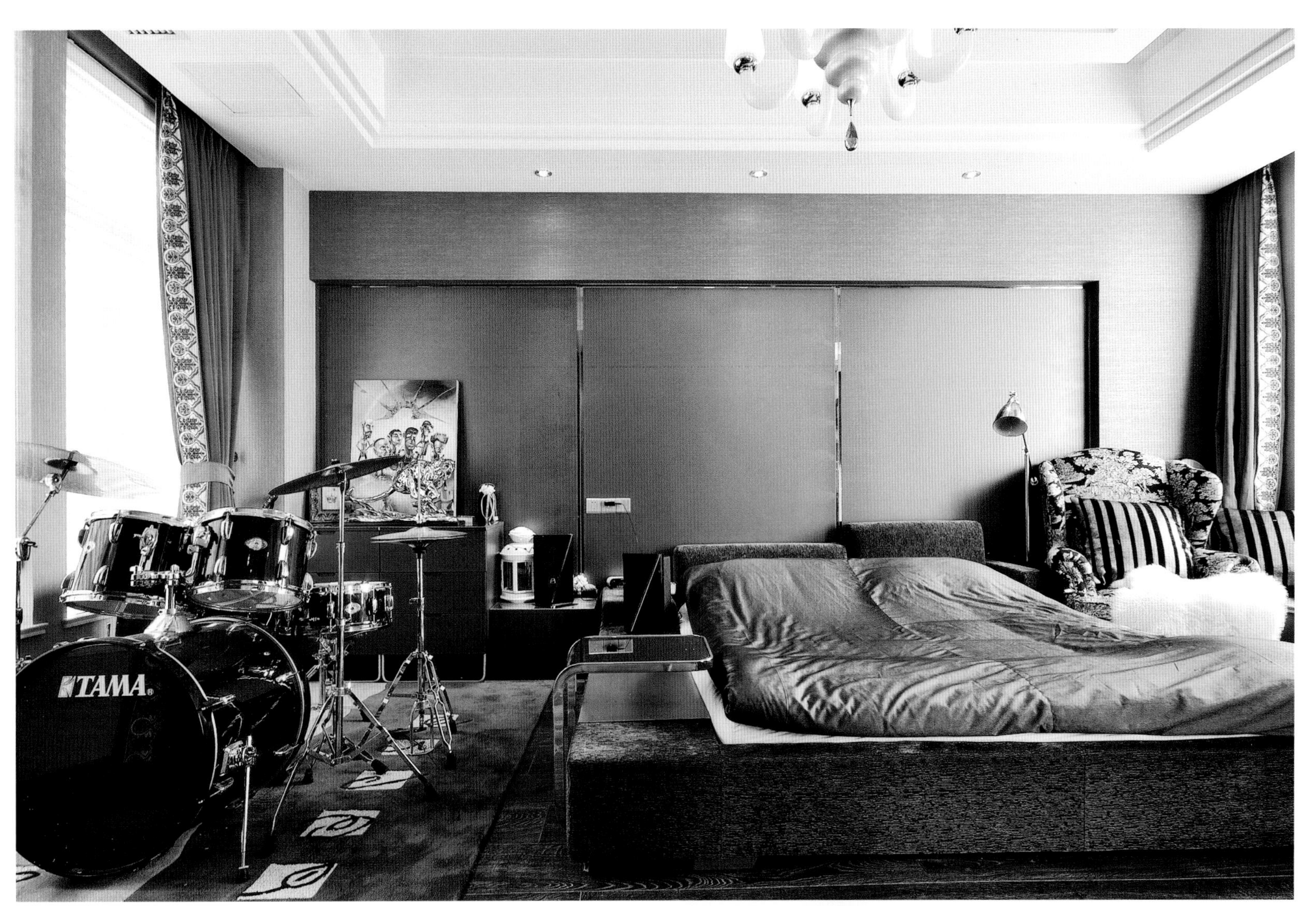
TAMA

复地首府

Peking House

设计单位：美国彩恩国际建筑设计公司

项目名称：复地首府 A 户型

项目地点：北京市朝阳区西大望路甲 20 号院

项目面积：370 平方米

为了保持空间的开阔感，设计师用玻璃来作为附属空间的隔墙，从而确保了空间的整体感和宽阔感。深色木材的规矩条纹让人印象深刻，地毯选用了灰色条状花纹，与之呼应。舒适的浅色沙发软化了空间中墙体的坚硬感。

整个空间用深沉的地板与木饰面联系到了一起。设计师努力探索都市化生活价值，将“人文豪宅”的价值思考向更高的层次推进。更加注重人文价值和住宅空间的内涵品位，同时也力争做到满足了人们多元化的需求。

星牌 STAR

御江金城

Yujiang Jincheng

设计师：冯振勇

项目名称：南京御江金城

项目地点：南京万达西地

项目面积：170 平方米

摄 影 师：金啸文

本案户型是四室两厅两卫，结合业主生活需求，改造后为一个大套间和两个次卧室，常住人口三位，客户背景是夫妻俩带着一个读高中的女儿，风格为美式简约风格。

项目在空间布局上面主要是出纳空间的增多，业主衣服很多，需要足够大的衣帽储藏空间。项目的楼层低，采光不好，采用浅色墙纸及 镜面效果改善采光的不足。

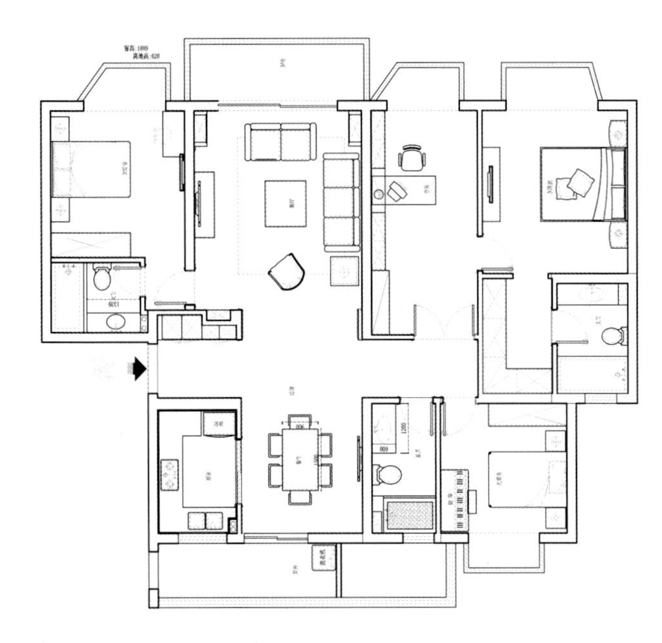

平面布置图

凝聚
Cohesion

设计师：江欣宜

项目地点：台湾台北县

项目面积：274 平方米

设计师以“凝聚”的设计理念发想，让家人之间的亲情需要透过空间来做整合，作为一个情感互相羁绊的地方，让家永远都是最温暖的港口。

空间大胆用色，以沉稳低调大象灰为空间主色，混搭现代家具与不锈钢铁件，创造时尚都会风格。

在弧形建筑结构下，处处是畸零空间，又因拥有可眺望城市风景的优势，特别规划出泡澡空间，让客户沐浴在大自然底下。卫浴空间采用最新研发的防石材磁砖，环保性高又容易保养与维护。

纽约上城

Uptwon New York

设计师：江欣宜

项目地点：台湾省台北市

项目面积：211 平方米

主要材料：大理石拼花、喷漆、进口家具、木地板、木皮、进口壁纸、茶镜、灰镜、手工画框、古典线板、铁件、贝壳板

豪宅住所需具备高舒适度、安全、低碳、绿能与高智慧科技家居的 4 大属性。本案拥有未来良好发展潜力地区特性、搭配高科技舒适的生活机能规划、以专业设计能力、良好建筑施工法打造私密的舒适宅第。

在实际不大的空间格局，以国外开放式书房的概念，并在客厅、餐厅与书房间规划环绕动线，让主人在每个公共空间角落都可以照顾到客户与此互动。

建材选择，以线条简单但工法繁复的线板堆叠，时尚都会的色彩计画，混搭现代家具感的定制家具，再辅以良好的动线规划，从动线、色彩、材质细节与整合，营造舒适精致的私密豪宅住所。

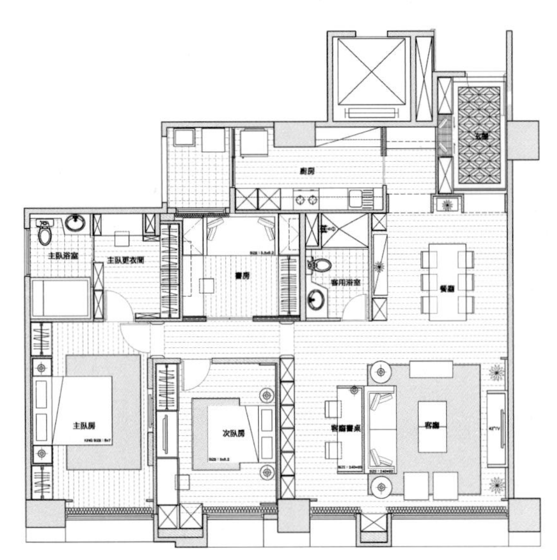

平面布置图

贝沙湾

Beisha Bay

设计师：郑树芬

项目名称：香港南区贝沙湾

项目地点：香港南区

项目面积：400 平方米

暖暖的阳光，泛着点点波光，照射在阳台、客厅、卧室乃至卫生间，无疑让业主享受着无限海市蜃楼的奇观。在人们行走的瞬间制造一次视觉的邂逅，吸引并留住这种注意力，舒适、清爽以及温馨，对这种瞬间的把握，其实也是考验着设计的能量。

色彩质朴而不单调，通过陈设艺术和挂画来体现客人的特点，郑树芬先生非常注重室内设计与建筑景观的结合，因此每一处的采光效果都非常好，同时在选配窗帘的考虑到了冷暖度的协调性。

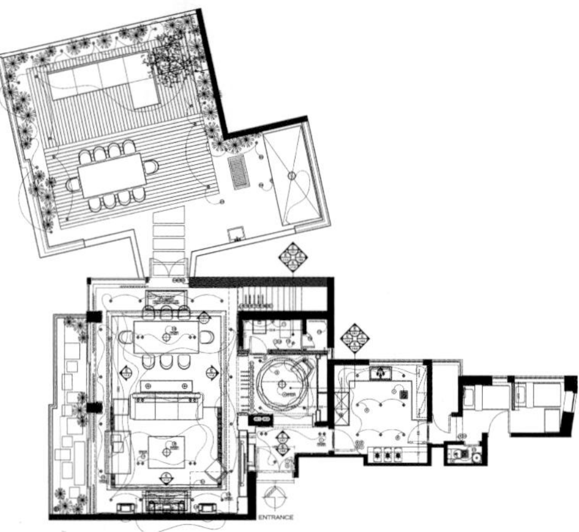

平面布置图

达观山

Da Guan Shan

设计单位：成都龙徽工程设计顾问有限公司　设计师：唐翊

项目地点：四川成都市

项目面积：348 平方米

本案地处西南地区唯一一个中央别墅片区麓山版块，目标客户群为首次置业别墅的高级白领和企业主。

设计师将户外的景引入室内，通过空间改造，打造亲水父母房与茶室，开门即是山水。入户门厅，运用草坪、园艺灯、鹅卵石拼花，将小小的空间赋予丰富的内容与变化。屋顶改造空间后赢得了一个花园书房与植物围绕的阳光房。

材料均选用温暖的大地色系，注重打造家庭温馨的生活情境。比如进口布料的选用，国际水准的家具制作，量身订做的灯具、饰品与地毯，让整个空间浑然天成。

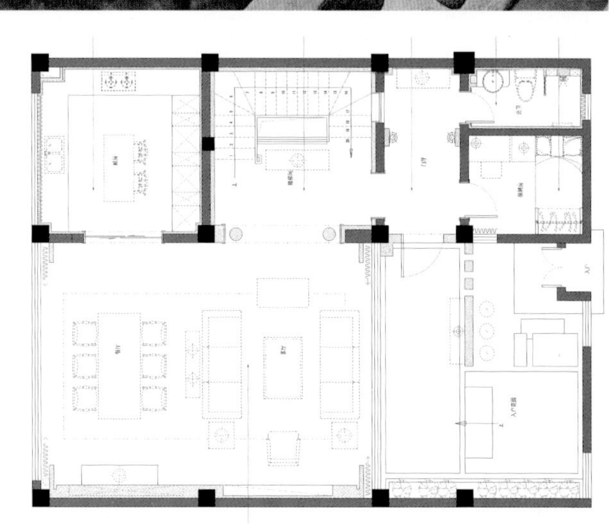

一层平面布置图

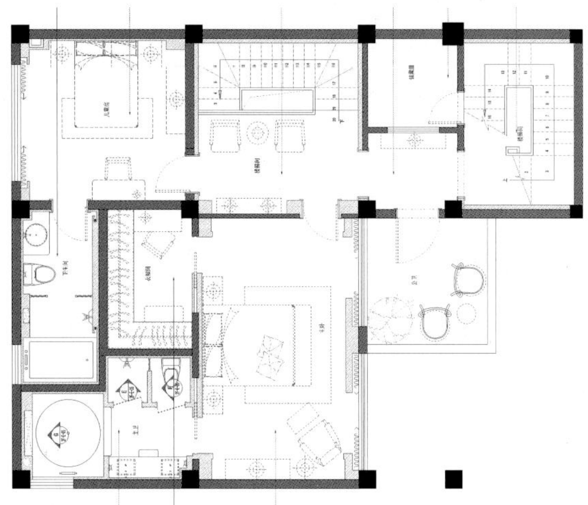

二层平面布置图

THE DOG

BULLDOG
BREWING COMPANY
ENGLISH PALE ALE
Dachshund
BLACK DOG
MISTLETOE CO
WHEATEN
COFFEE COMPANY

雅戈尔紫玉台

YOUNGOR Ziyutai

设计单位：宁波市海曙区汉文装饰设计工作室 设计师：万宏伟

项目名称：雅戈尔紫玉台 4# 别墅样板房

项目地点：宁波市江东区江东北路庆丰桥旁

项目面积：1200 平方米

主要材料：白砂米黄石材、进口乳胶漆、进口墙布、鸡翅木

本案为雅戈尔紫玉台 4# 别墅样板房，整体设计风格为美式田园混搭。小区环境大量使用景观阳台、露台，力求所有的设计空间都拥抱自然，更有约 4.1 米挑高阁楼。

客厅墙面采用书画软包的方式搭配石材，浅色与深色的对比更加凸显静穆而严峻的美。吊顶造型做了现代化的演变，让空间加入一抹时尚与活力。客厅地毯呼应了空间所有色彩，方块样式具有活泼跳跃感。在设计选材上，大量采用白砂米黄石材、进口乳胶漆、进口墙布、鸡翅木等材料。

现代新古典

Longhu Changqiaojun Villa

设计师：张清平

项目地点：四川成都

项目面积：460 平方米

主要材料：大理石、镀钛板、不锈钢、烤漆、金银漆、贝格漆、钢烤、柚木实木冲砂板、橡木染黑、贝壳壁纸、灰镜、茶镜、木地板、竹地板

豪宅是目前全球居住建筑的最高端类型，本案以“顶级平面化别墅”的格局，来代表了一个国家或地区居住建筑开发、设计的最高水平，同时也反映出社会菁英阶层的理想生活方式，创造其存在的重要性和必然性。

本案以东方蒙太奇设计手法打造，把坚持与创新都放在传统上，不只是创作出造型炫目的量体，在设计上，有东、西方世界都熟悉的老灵魂。东方蒙太奇，解构东方文化的精粹，将古代智慧现代化，并将西方设计 ArtDeco 的美学中国化，以中西合璧国际化，带来新的感动与新的希望。

FENDI

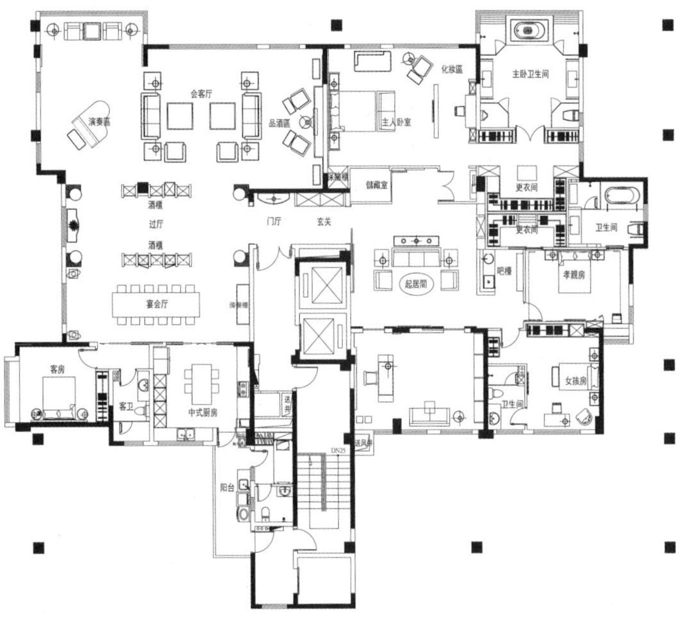

演奏區
会客厅
品酒區
主人卧室
化妆區
主卧卫生间
储藏室
更衣间
卫生间
酒柜
过厅
门厅
玄关
起居間
吧檯
宴会厅
客房
客卫
中式厨房
女孩房
阳台

平面布置图

领袖山南

Lingxiu Shannan

设计单位：大匀国际设计中心 设计师：陈雯婧

项目名称：淮南领袖山南样板房 E 户

项目地点：安徽

项目面积：700 平方米

主要材料：非洲胡桃木、橡木地板、米色皮革

本案试图用现代的设计手法阐释古典英伦，在原有传统英式住宅空间格局下，以蓝、灰、绿富有艺术的配色处理赋予室内动态的韵律和美感，挑空的大堂及舒适的餐厅配以舒适的大尺度美式家具及手工质感的小饰品，更显品位。

主卧室强调空间的层次与段落，作为主人的私密空间，主要以功能性和实用舒适为主导，软装搭配上用色统一，以温馨柔软的布艺来装点。主卧配套的更衣室，将奢华大气演绎到极致。不在巴黎，也不需前往米兰，此处即是最华贵的秀场。

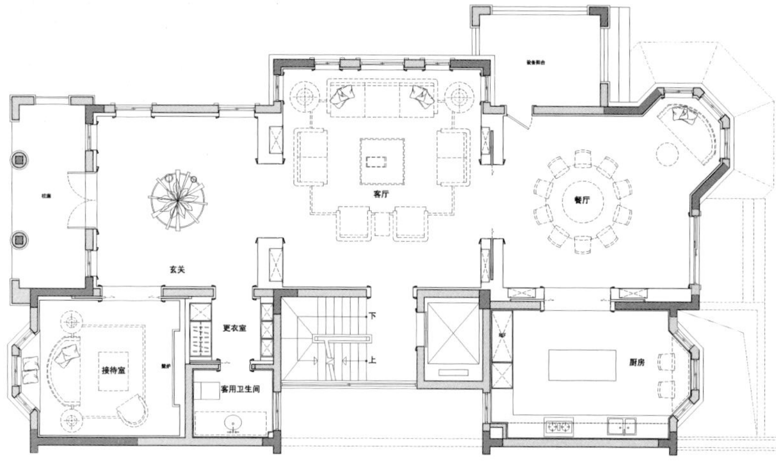

一层平面布置图

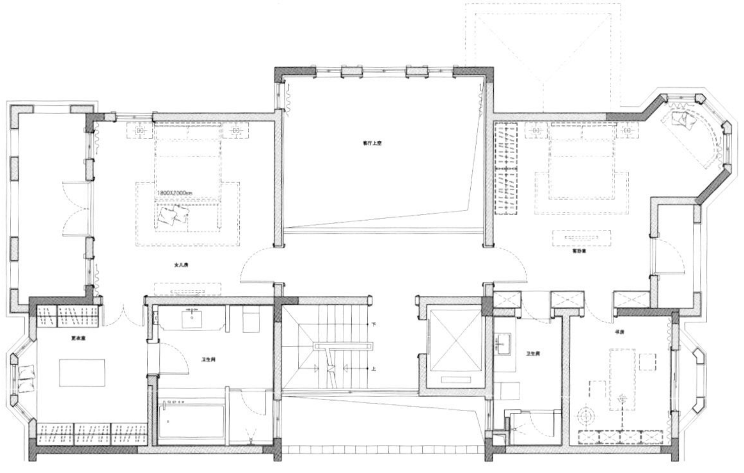

二层平面布置图

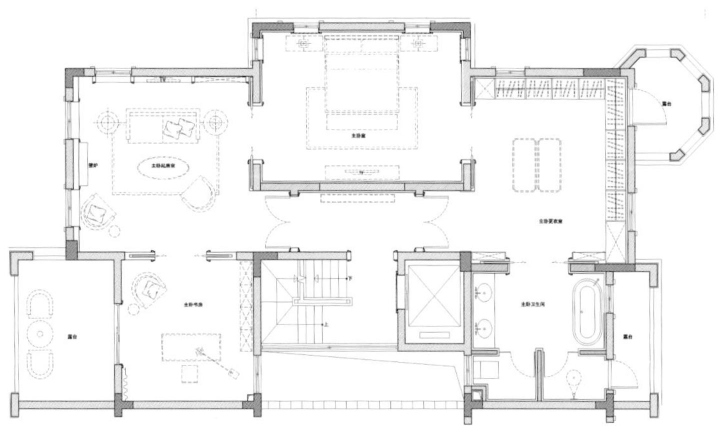

三层平面布置图

中航城 B3-2
Metropolitan Mansion
设计师：郑树芬

项目名称：中航城 B3-2（法式）

项目地点：贵阳

项目面积：103 平方米

带着清雅的元素，并融合美感，设计师将空间演绎成了一个精致而浪漫的普罗旺斯生活意境。

整个项目充满了各种法式的艺术元素，各种摆件及餐具的运用，营造了一个温馨而内敛的都市的生活。引人注目的是餐厅里，实木餐桌和欧式复刻风格的椅子相互衬托，加上淡绿的点缀，透着清新淡雅的氛围。设计师将客餐厅连成一线，同时客厅的电视背景墙采用了艺术玻璃饰面，呈现出宽阔舒适的感觉，精美的水晶吊灯、大面积的浅色木饰墙面结合法式的线条，让整个空间更加柔美。

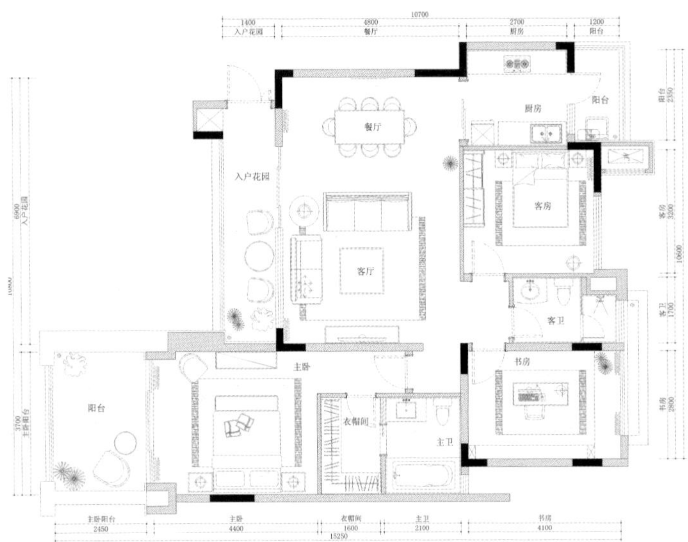

平面布置图

CHARLES DARWIN THE DESCENT OF MAN
Heshi
Empire classic books
THE COUNT OF MONT CRISTO

SONY

ABCDE

观山水之邸

The Mansion Viewing Landscape

设计师：陈志斌

项目地点：长沙市湘江大道

项目面积：300 平方米

摄 影 师：管盼星

主要材料：罗马黄洞石、仿古砖、Bisazza 马赛克、墙纸

本案整层由平层公寓打通连接而成，面积巨大而层高一般，反差不小，加上不可改动的剪力墙，过低的梁，空调设备等等因素，要设计完美实属不易。终能寓古于今，简约现代空间界面，装饰艺术古典家具，营造独特品位，璀璨氛围。

重新构造的平面功能，动静分区，南北两端为居住、生活区，中央部分设计为核心活动区，双拼的大厅中景观通透，空间穿插。把过低的梁用画框的形式削弱、隐藏起来，与设备混然一体，典雅大气，而透过钻石面玻璃，两个子空间又成为了浓郁的观景去处。卧室华丽而浪漫，花的主题浸润了居室的温馨。

现代新古典

Modern Classical

项目提供：华润置地（沈阳）开发有限公司

项目名称：华润橡树湾样板间

项目地点：沈阳

项目面积：90 平方米

本案为近年来经典两居室布置，在空间上仅从实用功能上做了更合理的划分，如在门厅仅有的空间里设计玄关柜；厨房和餐厅的开敞式设计；主卧玻璃的衣柜使空间更通透的设计等。

在装饰上充分的运用了菱形的现代元素，与新古典质感的材料相结合。客餐厅墙面不规则菱形的现代手法，沿用到主卧背景墙与儿童房书桌台墙面，突显了现代时尚的特点，电视背景墙面不锈钢条，与蓝木纹石材凹凸造型的设计，突显了现代新古典的简单与繁杂、整体到细节的特点，完美的诠释了新古典与现代元素的结合。

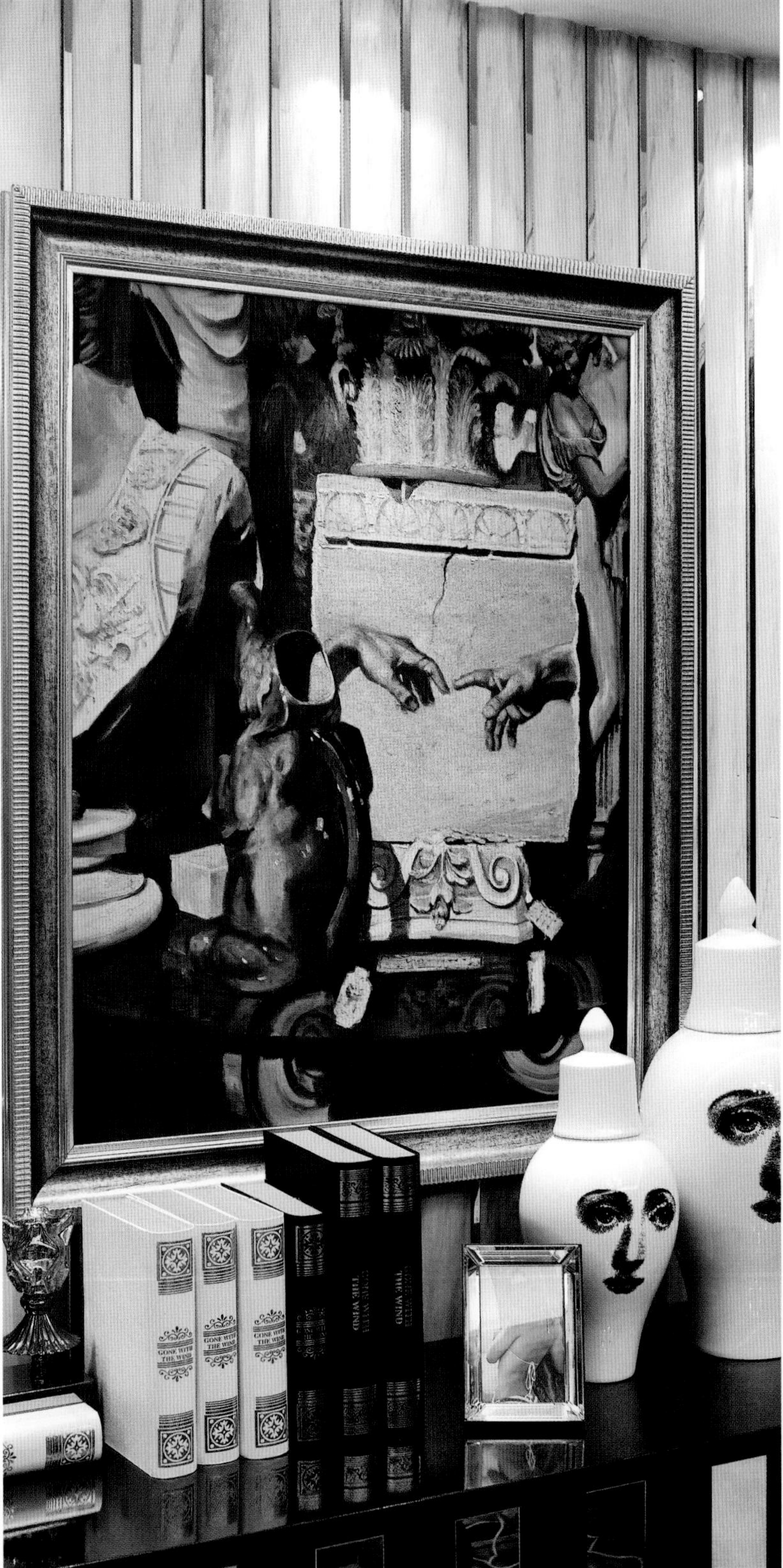

雅戈尔紫玉台之二

YOUNGOR Ziyutai

设计单位：宁波市海曙区汉文装饰设计工作室 设计师：万宏伟

项目名称：雅戈尔紫玉台 4# 别墅样板房

项目地点：宁波市江东区江东北路庆丰桥旁

项日面积：1200 平方米

主要材料：白砂米黄石材、进口乳胶漆、进口墙布、鸡翅木

本案为雅戈尔紫玉台 4# 别墅样板房，整体设计风格为欧式混搭。小区环境大量使用景观阳台、露台，力求所有的设计空间都拥抱自然，更有约 4.1 米挑高阁楼。

客厅墙面采用皮革硬包的方式搭配石材，浅色与深色的对比、皮革材质与石材纹路的对比更加凸显静穆而严峻的美。吊顶造型做了现代化的演变，让空间加入一抹时尚与活力。客厅地毯呼应了空间所有色彩，方块样式具有活泼跳跃感。在设计选材上，大量采用白砂米黄石材、进口乳胶漆、进口墙布、鸡翅木等材料。

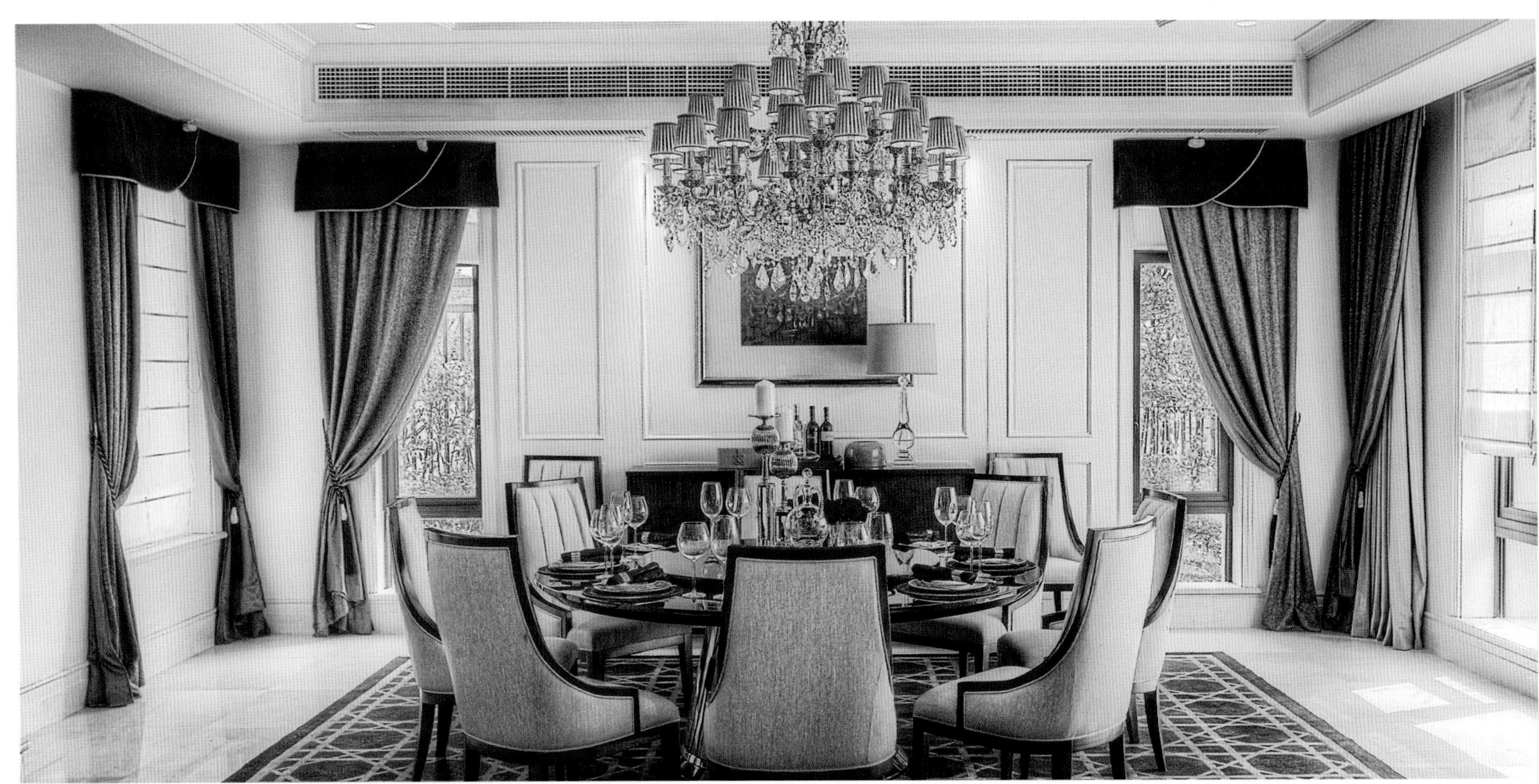

泰禾红御 A 户型

Taihe Hongyu--A

开发商：北京泰禾房地产开发有限公司

项目名称：泰禾红御 A 户型

项目地点：北京市通州区京杭大运河畔

项目面积：460 平方米

建筑设计：张永和

作为独栋别墅的室内空间，延续室外意大利式的建筑风格，体现了整体大气的空间形式。高档天然石材成为了设计师的主要材料选择。深浅石材所构成的图案，除了给人高档、美观的视觉印象外，还具有一定的指向性。旋转楼梯中暗藏光的使用，在视觉和心理上减轻了楼梯的重量，似漫步云中，令人心旷神怡。

在主卧室与卫生间中，流露出经典的巴洛克风格的印迹。温暖柔和的色调，使人心情愉悦。精美的蜡烛灯装饰着空间。墙面装饰布与地毯都在演绎着各自的经典。进口家具和饰品共同述说着古典欧式风格的奢华。

星牌 STAR

歌德廷中央酒店别墅

GeDeting Central Hotel Villa

设计单位：香港郑树芬设计事务所　设计师：郑树芬

项目名称：绿湖 歌德廷中央酒店 A1 别墅

项目地点：江西南昌

项目面积：680 平方米

主要材料：定制大理石、地砖

本案的设计目标，就是让业主获得“一个非常美观、实用性能卓越的私人会所”。用色彩和布置来实现空间功用的区分，不同的部位都拥有不同的风格，颜色、灯光、气氛都有所变化，每一层都有独特的作用。

一楼设计布局更能体现设计独到的创意水平。二楼是父母与孩子的居处，这里的颜色使用更是独具匠心。三楼为主人翁居所。这里的色淡雅别致，尤其注重色彩与光影的结合，中西结合的各色图案，华丽与简约的风格巧妙融为一体，充分将主人空间的华贵、内涵诠释的淋漓尽致。

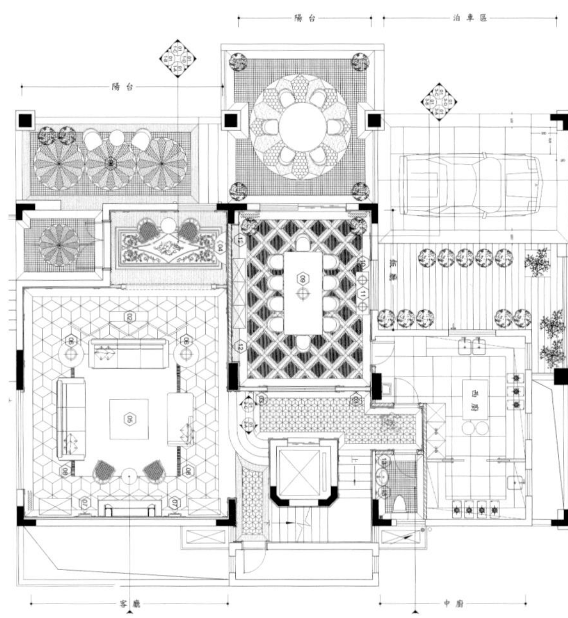

一层平面布置图

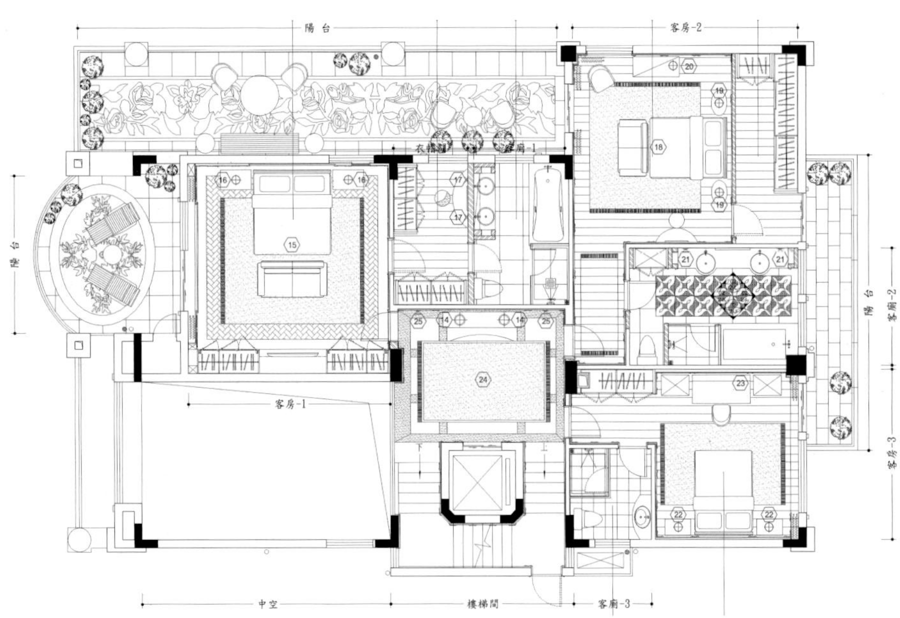

二层平面布置图

泰禾红御 B 户型

Taihe Hongyu--B

开发商：北京泰禾房地产开发有限公司

项目名称：泰禾红御 B 户型

项目地点：北京市通州区京杭大运河畔

项目面积：380 平方米

建筑设计：张永和

设计师抛弃了繁杂的欧式古典花饰，取而代之的是简洁、明快、舒适的空间格调。令人心胸开阔的挑高空间，处处洋溢着温和精致的空间特点。经典的现代欧式沙发，舒适而精致，淡淡的花饰述说着自身的完美。墙面镜子的使用，仿佛增加了空间的维度。

精美的吊灯同餐桌、餐椅一起，构成了就餐区的视觉中心。宽敞的空间中，品一杯红酒，使洗浴成为了一种享受。在主卧室中，设计师用浅灰色地毯来衬托家具与饰品的精美。局部金色的花饰也在述说着家具自身的高贵品质。白色成了客卧的主色调，纯洁、高贵弥漫着整个空间。

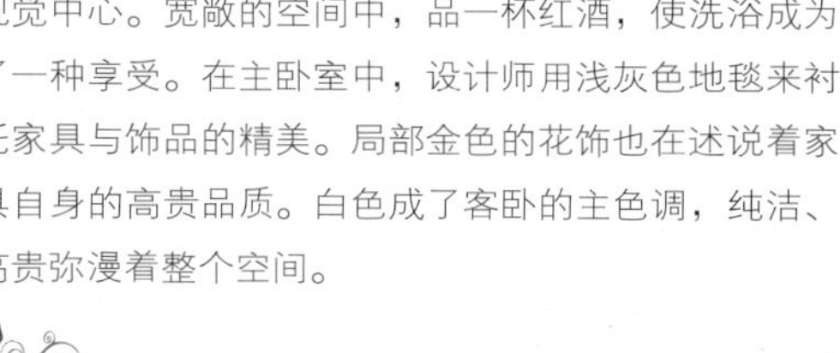